—我喜欢大自然—

我喜欢
百变的天气

让孩子从捡落叶开始了解自然科学！

〔英〕特蕾西·特纳　著
〔英〕菲奥娜·鲍尔斯　绘
吕竞男　译

浙江科学技术出版社

著作合同登记号 图字：11-2023-131
First published in Great Britain in 2022 by Hodder & Stoughton
Written by Tracey Turner   Illustrated by Fiona Powers
Copyright ©Hodder & Stoughton, 2022
Translation Copyright © Dook Media Group Limited, 2023
All rights reserved.

图书在版编目（CIP）数据

我喜欢大自然.我喜欢百变的天气 /（英）特蕾西·
特纳著；(英)菲奥娜·鲍尔斯绘；吕竞男译. —— 杭州:
浙江科学技术出版社, 2023.10
ISBN 978-7-5739-0733-2

Ⅰ.①我… Ⅱ.①特…②菲…③吕… Ⅲ.①自然科
学 - 儿童读物②天气 - 儿童读物 Ⅳ.①N49②P44-49

中国国家版本馆CIP数据核字(2023)第132542号

目录

我喜欢百变的天气

我喜欢

雨和云

我喜欢雨和云！雨能滋润植物，为世界增添满满的绿色和鲜艳的花朵。

云的形状千万种，仔细观察乐无穷。

在雨后的积水坑里踩水花很有趣！

跟着云旅行吧！即使在湿乎乎和寒冷的天气下，我们也能发现惊喜和乐趣。

我们可以在厚厚的积雪上滑雪橇。

天气炎热的时候，最适合在水里游泳。

如果能遇见美丽的彩虹，你一定会非常开心吧！

3

我喜欢 形形色色的云
它们是天气预报员

天上的云变幻不定，类型多样。

卷层云只有薄薄一层，飘在高空，颜色洁白。
阳光透过云层投射下斑驳的光影。

卷积云由高空中的冰晶组成，
层层卷卷，非常漂亮。

雨层云呈暗灰色，看起来十分厚重，遮住了整片天空。一旦出现这种云，大雨或者大雪常常接踵而至。

云的种类还有很多很多！

我喜欢

蓬松的云

看云卷云舒，变幻不定

蓬松的白云叫作积云。请耐心观察一段时间，你觉得云的形状像什么？看，这朵云像不像小狗？

天气晴朗的时候，你可能会看到许多蓬松的云。它们大多不会停留太久：新的飘来，旧的消散，形状、大小变幻不定。一会儿的工夫，那朵"小狗云"没准儿就变成"兔子云"啦！

静看云起

···················

在阳光的照射下，地表变热，温暖又潮湿的空气飘上高空，形成积云。

不妨挑一个好天气，去户外观察云的变化。找个舒服的地方，仰面躺下，抬头看天。别忘了把你喜欢的云画下来。

我喜欢

雨
把世界染成绿色

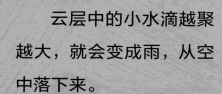

云层中的小水滴越聚越大，就会变成雨，从空中落下来。

如果离开水，植物就无法生存。如果没有雨，地球上就不会长出绿色植物，也不会有以绿色植物为食的动物，更不会有以动物为食的动物…… 当然，人类也不会出现！

雨的类型不止一种。小小的雨滴从薄薄的云层中落下，这是润物无声的毛毛细雨；大大的雨滴从厚厚的灰云中落下，这是酣畅淋漓的滂沱大雨。

踩水花

雨还有另一个妙处：雨滴落在地面上，会汇成大大小小的积水坑！快穿上小雨靴，跳进积水坑，尽情地踩水花吧！

q

我喜欢

彩虹

令人惊喜的雨天魔法

太阳光由许多种颜色组成。如果阳光射进水滴，又从水滴的另一侧反射回来，就会分散成七种颜色，这就是我们看到的彩虹。

雨还未停，阳光已现，这时天边会挂上一道彩虹。你知道怎样才能找到彩虹吗？请你背对太阳站好，这下看见了吗？

制造彩虹

想拥有一道属于自己的彩虹吗？趁着天气晴朗，站在户外，背对太阳，用水管或者浇水壶洒水。当水像小瀑布似的洒落下来时，一道彩虹就会出现在你的面前。别忘了顺便给绿植浇浇水哦！

我喜欢

阳光
全世界都离不开它

阳光明媚的日子，似乎整个世界都闪耀着光芒。我喜欢看亮晶晶的阳光在湖面上跳跃，我喜欢看阳光穿过林木落下斑驳光影。

绿色植物需要充足的阳光。植物无法进食，但它们可以从太阳那里获取所需的能量。

太阳让地球变得足够温暖，这样各种动物才能自由自在地生活，我们也不例外！

在古代，人们崇拜太阳。其中的原因不难理解：太阳送来温暖和光明，帮助农作物生长成熟，成为人类的食物。

13

我喜欢

水循环

有水喝啦!

地球好像一个巨型的水循环器!水汽从海面升起,又变成雨滴落下来,开始新的循环,我们饮用的水也是由此而来。

1 在阳光的照耀下,江、河、湖、海中的水受热,变成水蒸气。

2　水蒸气上升后，逐渐冷却就形成了云。
风把云吹走，吹到很远的地方。

3　如果云层中的水滴足
够大，它们就会变成
雨滴落下来。

4　雨滴不仅会落入海洋、湖泊，也会落
在大地上。在陆地上，水流入小溪，
小溪又融入河流，河流最终汇入大
海。新的一轮水循环开始啦！

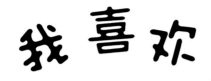 我喜欢 雪

下雪天，乐无边！

有些云里含有微小的冰晶，冰冰凉凉的小冰晶聚在一起，形成晶莹剔透的雪花。雪花越来越重，直到云层再也无法承受，雪花就会纷纷飘落。开始下雪啦！

没有两片雪花是相同的。如果你仔细观察，说不定能发现特别漂亮的图案。

皑皑的白雪不仅让世界看起来仿佛变了模样，就连听上去也会有所不同，这是因为积雪能吸收声音。

滚雪球、堆雪人，是不是很有趣？看，这是我堆的雪熊，你喜欢吗？

冬天，我最喜欢的游戏就是滑雪橇！从小小的山坡上"呼"地冲下来，真是乐趣无穷。

17

我喜欢

霜
亮闪闪的冬日精灵

如果天气特别冷，空气中的水蒸气会结冰，形成一层薄薄的冰晶，这就是霜！

空气中的水蒸气迅速结冰，形成一根根细小的针状的冰刺，这就是"白霜"。

晴朗的冬夜过后，你常常能看见霜的身影。只要遇到霜，任何东西都逃不开它的"拥抱"。覆盖在物体表面的霜泛着白光，仿佛一层荧光粉。哪怕是汽车或者灯柱这类平平无奇的东西，只要披上一层霜衣，也会变得很漂亮！

当户外非常寒冷时，窗户上会出现美丽的霜花。晨露在玻璃上凝结成冰晶。冰晶排列起来，看上去好像蕨类植物的叶子。

我喜欢

雷雨天
最令人印象深刻的天气

巨型雷雨云的厚度可达 15 千米，甚至更厚。随之而来的还有瓢泼大雨、肆虐强风和电闪雷鸣。

冰晶和水滴在雷雨云中相互碰撞，最终形成闪电。闪电不仅可以从云层顶部穿到底部，还能穿透云层底部直击大地。

闪电有危险，室内最安全。

闪电使周围的空气受热，热空气急速膨胀，发出轰隆隆的雷声。

我喜欢 雾蒙蒙的清晨
给世界蒙上神秘的面纱

如果天空晴朗无云，空气湿度却很大，空气中的水蒸气就容易在地面附近凝结成悬浮的、细密的水滴，这就是雾。雾有时淡，有时浓，有时几乎看不透！

在太阳的照耀下，空气渐渐升温，雾气也就慢慢散去。因此，雾大多降临在清晨，赶在太阳温暖大地之前。

夜间，冷空气会从高处汇聚到低处。如果你住在山区，清早起床，就能看见雾气聚集在山谷之间。薄雾还喜欢光顾河流、湖泊、池塘和沼泽。

23

我喜欢 四季

体验各种独具特色的天气

幸好地轴是倾斜的，我们才能感受到不同的季节。

在地球的北半球，夏季最炎热的三个月是六月、七月和八月，而南半球的夏季却要等到十二月、一月和二月。

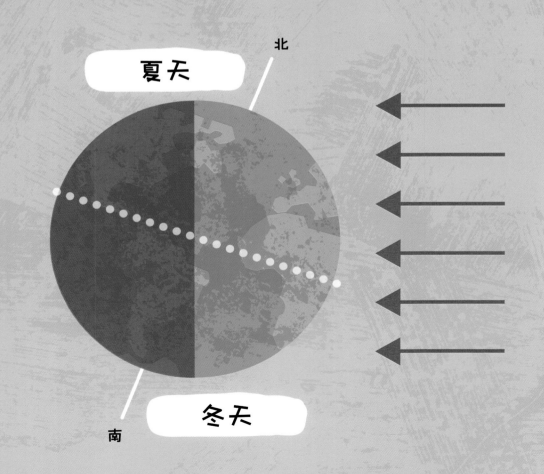

北

夏天

南

冬天

春季

冬天过后是春天，此时温度开始回升，植物萌发出新芽。

秋季

夏天过去之后，冬天来临之前的这段时间是秋天。这时，气温开始下降，植物逐渐枯萎，准备迎接寒冬。

夏季

夏季的几个月是一年中气候最炎热的时节。

冬季

在地球的北半球，最冷的月份是十二月、一月和二月，而在南半球，六月、七月和八月才是最冷的季节。

25

词汇表

白霜

迅速结冰形成冰刺的霜冻。

冰

固态的水。

薄雾

轻薄的雾气。

地轴

一条假想的轴线，穿越南北两极，地球沿这条轴线自转。

卷层云

比卷积云高。全部由冰晶构成，是很薄的层状云。

卷积云

由白而薄的鳞片或球状小云块组成的高空云，很像风吹过水面而形成的波纹，常被称为"鱼鳞天"。

毛毛细雨

从薄云层中轻轻落下的细小雨滴。

农作物

种植在农田中，供食用或做工业原料用的植物。

霜

空气中的水蒸气在冰冷的物体表面冻结而成的白色冰晶。

水蒸气

气态的水。

雾

空气中的水蒸气靠近地面形成
的小水滴，会缩短可视距离。

雨层云

厚厚的灰色云层，覆盖视线可
及的整片天空。

沼泽

水草茂密的泥泞地带。

索引

—— 我喜欢大自然 ——

我喜欢
浩瀚的宇宙

让孩子从捡落叶开始了解自然科学！

［英］特蕾西·特纳　著

［英］菲奥娜·鲍尔斯　绘

吕竞男　译

浙江科学技术出版社

著作合同登记号 图字：11-2023-131

First published in Great Britain in 2022 by Hodder & Stoughton
Written by Tracey Turner   Illustrated by Fiona Powers
Copyright ©Hodder & Stoughton, 2022
Translation Copyright © Dook Media Group Limited, 2023
All rights reserved.

图书在版编目（CIP）数据

我喜欢大自然.我喜欢浩瀚的宇宙 /(英) 特蕾西·
特纳著；(英) 菲奥娜·鲍尔斯绘；吕竞男译. —— 杭州:
浙江科学技术出版社, 2023.10
ISBN 978-7-5739-0733-2

Ⅰ.①我… Ⅱ.①特…②菲…③吕… Ⅲ.①自然科
学 – 儿童读物②宇宙 – 儿童读物 Ⅳ.①N49②P159-49

中国国家版本馆CIP数据核字(2023)第132543号

目录

我喜欢 夜空

宇宙多么神奇，令人深深着迷。

✡ 即使不用望远镜，在夜晚，我们也能看见其他行星！

✡ 月亮反射太阳光，闪耀着美丽的光芒。

✡ 我们甚至有机会看见国际空间站载着宇航员绕着地球飞行。

天气晴朗时，等到夜幕降临后，我喜欢到户外观察夜空。深邃的夜空值得我们细心观察，静静思考！我喜欢凝望夜空。

越深入了解太空，对它的喜爱就越多，我就越想去探索——真希望有一天我也能成为一名宇航员！

我们的家和其他建筑物发出的光吞没了星星的光芒。当我们在乡下时，会更容易观星赏月。

3

我喜欢 星星

为夜晚增添闪光魔力

和太阳一样，所有的恒星都是不停燃烧的巨型气体球。它们由古老的尘埃和气体云组成。和太阳这颗恒星相比，其他恒星和我们之间的距离更加遥远。你知道吗？恒星的模样并不是真正的星形。

无论是在古代，还是在今天，人们能看见的恒星几乎都一样。这些恒星被划分成各种图案，叫作星座。每个星座的名字都是独一无二的。

观星

晴朗无云的夜晚，让大人带你一起去户外看星星。你能认出几个星座呢？星座的命名都和古希腊神话有关。

金牛座

猎户座

双子座

飞马座

图中的星星越大，它们在天空中看起来就越亮。

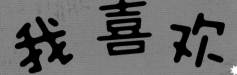

我喜欢 月亮

挂在夜幕上的灯笼, 散发美丽柔光

月球是一个岩石球。它绕着地球旋转的路径叫作轨道。

尽管月亮有时看上去十分明亮, 但它并不会发光, 只能反射太阳光。

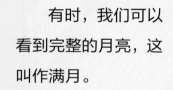

有时, 我们可以看到完整的月亮, 这叫作满月。

有时，我们只能看
到一小部分月亮，这叫
作蛾眉月。

蛾眉月

月球绕地球一圈需要
27 天多一点的时间。月球
围着地球旋转时，太阳会
照射月球上的不同位置，
所以月亮似乎不停地变换
模样。

我喜欢 太阳
没有它就没有生命

太阳是一颗恒星。它与地球的距离既不远，也不近，不仅给我们送来温暖和光明，还帮助植物生长。

切勿直视太阳，眼睛会受伤。

地球绕着太阳运转，走完一圈需要一年的时间。

围着太阳旋转的同时，地球也会自转。在自转过程中，一些地方朝向太阳，而另一些地方背对太阳。

北

白天

这幅图清晰地展示出昼夜交替的原因。在你生活的地方，太阳缓缓落下，而在地球的另一边，太阳冉冉升起。

黑夜

南

9

我喜欢

日食
奇异的盛景

有时，月球运行到太阳和地球的中间，它们处于同一条直线上，碰巧又是白天，月球因此在地球上投下自己的影子。月球遮挡住太阳光，月影笼罩大地，天地间漆黑一团，这种奇异的现象会持续几分钟，叫作日食或日蚀。

千万不要用肉眼直接观看日食，否则会造成短暂性失明。请记得使用特制的日食观测镜。

当月球从太阳前面经过，遮挡住越多光线，天空就会变得越昏暗，温度也会慢慢下降。这种奇怪的现象，让动物困惑不已！

有时，月球几乎把太阳全部遮住，太阳只能露出一小部分，这种现象叫作钻石环效应。快看这里，你明白为什么这样叫了吗？

我喜欢 歪歪斜斜的地球

畅享四季更迭

地球旋转时，地轴是倾斜的。如果你家那边是夏天，说明你所在的地区正朝着太阳倾斜。

如果你家那边是冬天，就说明你所在的地区倾斜到远离太阳的一边了。

在地球上，并不是所有地区都四季分明。地球的正中间有一圈假想的线，叫作赤道。因为太阳始终直射赤道附近，因此这里一年四季气候炎热。

在南北两极，太阳总是低垂在天空中。其中有半年时间，太阳从不升起，而另外半年，太阳从不落下。

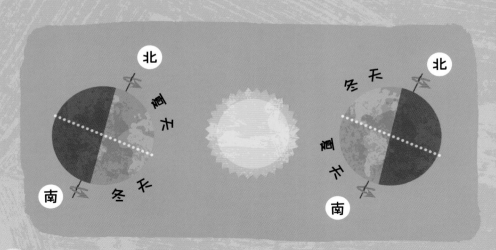

秋天

夏天

冬天

春天

13

我喜欢 太阳系

多样世界面面观

地球围绕太阳运转，一路同行的还有其他行星和小行星。这些天体合起来组成了太阳系。

在八大行星中，水星、金星和火星距离地球较近。木星、土星、天王星和海王星个头更大，距离我们也更远。木星的体积格外大，即使把其他行星都放进木星里，也全容得下。

金星

水星

地球

火星

土星

寻找金星

即使单凭肉眼，我们也能看见一些行星。在夜空中，除了月亮，金星是最亮的，也最容易被找到。在你家附近什么时间最适合观察金星呢？不妨看一看吧！

天王星

海王星

木星

图中行星的大小和距离不是根据真实比例画的。

我喜欢 流星
快来许愿吧!

流星不是真正的星星,它们原本只是飘浮在太空中的尘粒和岩石块。有些碰巧进入地球的大气层,并急速落向地面。

在进入地球的大气层后,尘粒和岩石块会燃烧起来,形成流星。有时,你能看到流星在夜空中划出光带,一闪而过。传说,只要对着流星许愿,愿望就一定能实现!

流星雨

你见过流星雨吗？就是很多流星接连不断地划过天空。天文学家知道如何预测流星雨。你家附近有观赏流星雨的机会吗？快去查查看，如果你运气够好，不妨请大人带你去看流星雨吧。

我喜欢

小行星

喜欢打转转的太空碎片

小行星由岩石和金属组成。太阳系的行星和卫星在形成之初，还剩下很多零零碎碎的东西，最终这些东西变成了小行星。

太阳系有一条小行星带，位于火星和木星之间，它仿佛一个巨型石盘，围绕着太阳旋转。小行星带中体积最大的天体叫作谷神星，不过谷神星属于矮行星。

火星

　　柯伊伯带至少比小行星带的范围大 20 倍，那里的小行星和彗星数量更多，距离我们也更遥远。

　　尽管小行星带里有 100 多万颗小行星，但是因为小行星带的范围特别大，所以每颗小行星周围的空间都十分充裕。航天器通过时，受到撞击的概率非常小。

我喜欢

国际空间站

太空中的神奇实验室

国际空间站（ISS）沿着固定的轨道在太空中运行，距离地球大约 400 千米。它绕地球一圈只需要一个半小时。

国际空间站的宇航员在重力极低的条件下进行各种实验。他们甚至还把自己作为研究对象，探索低重力对人体的影响。

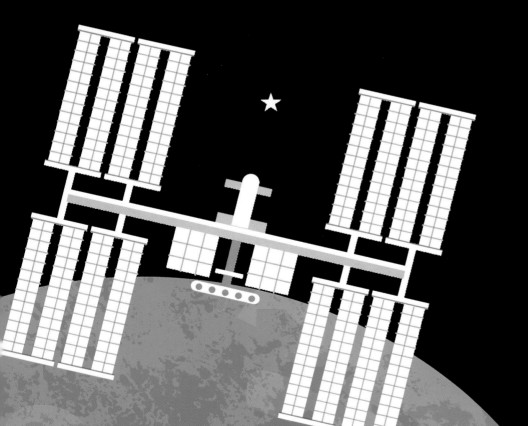

由于重力非常低，宇航员们会四处飘游！他们必须学会在飘浮中洗澡、刷牙、上厕所、工作。

国际空间站的宇航员来自世界各地，大家团结协作，共同努力。这也是我认为它很棒的原因之一。

21

我喜欢 宇航员和火箭

探索宇宙的奥秘！

只有达到非常快的速度，火箭才能摆脱地球引力，如果想做到这一点，速度必须超过每小时 4 万千米。火箭不仅可以将人造卫星送入环绕地球的轨道，还能把航天器送上探索宇宙的漫漫征途。

人造卫星能拍摄太空的照片，收集地球的信息，还能帮助人们寻找路线，保持通信联系。

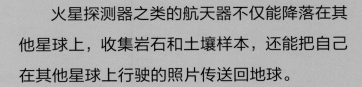

火星探测器之类的航天器不仅能降落在其他星球上，收集岩石和土壤样本，还能把自己在其他星球上行驶的照片传送回地球。

有时，火箭把宇航员送上太空，送到国际空间站，甚至更远的地方。在茫茫宇宙中，除了地球，月球是唯一留下人类足迹的地方。

我喜欢 星系

畅想广袤无边的奇妙宇宙！

在引力作用下，恒星、气体和尘埃等汇聚在一起，组成星系。我们所在的星系叫作银河系。在地球上的一个晴朗无云的夜晚，你有时可以看到银河系，它如同一条乳白色的光带，挂在深黑的天幕之上。

银河系是个庞然大物。光的移动速度超级快，只不过一眨眼的工夫，它就能绕地球转一圈。但是，光如果想穿越银河系，哪怕跑上 10 万年的时间，也跑不出去！

银河系包含 1000 多亿颗恒星，而那些恒星又引领着多少颗行星呢？谁也说不清！宇宙中的星系众多，银河系也只是沧海一粟。

词汇表

大气层

包裹在行星周围的气体。

轨道

行星、月球或恒星在太空中运转的轨迹。

恒星

在太空中，由燃烧的气体组成的球体。

火箭

一种强大的航天器，可以将人造卫星、宇航员等送入太空。

流星

来自太空的尘粒和岩石块进入地球大气层并燃烧，产生一条光带。

太阳

一颗位于太阳系中心的恒星。

天文学家

研究太空的科学家。

望远镜

用于观察物体的仪器，遥远的物体在望远镜中看起来距离似乎很近。

小行星

太空中环绕太阳运行的岩质小天体。

星系

在引力作用下，恒星、气体和尘埃等聚集形成的天体系统。

星座

在假想中，构成特定图案的一组恒星。

行星

围绕恒星运转的巨大球形（或接近球形）物体。

银河系

我们所在的星系。

宇航员

经过训练，具备进入太空能力的人。

宇宙

所有的空间和其中的一切。

月球

围绕地球运转的自然天体。

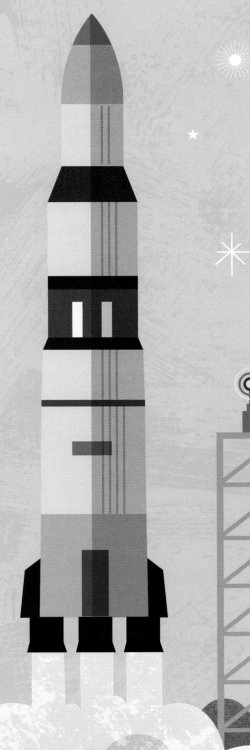

27

索引

28

—— 我喜欢大自然 ——

我喜欢蔚蓝的海洋

让孩子从捡落叶开始了解自然科学！

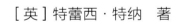

［英］特蕾西·特纳 著

［英］菲奥娜·鲍尔斯 绘

吕竞男 译

浙江科学技术出版社

著作合同登记号 图字：11-2023-131

First published in Great Britain in 2022 by Hodder & Stoughton
Written by Tracey Turner   Illustrated by Fiona Powers
Copyright ©Hodder & Stoughton, 2022
Translation Copyright © Dook Media Group Limited, 2023
All rights reserved.

中文版权 © 2023 读客文化股份有限公司
经授权，读客文化股份有限公司拥有本书的中文（简体）版权

图书在版编目（CIP）数据

我喜欢大自然. 我喜欢蔚蓝的海洋 / (英) 特蕾西 ·
特纳著 ; (英) 菲奥娜 · 鲍尔斯绘 ; 吕竞男译. — 杭州：
浙江科学技术出版社, 2023.10
ISBN 978-7-5739-0733-2

Ⅰ. ①我… Ⅱ. ①特… ②菲… ③吕… Ⅲ. ①自然科
学 – 儿童读物②海洋 – 儿童读物 Ⅳ. ①N49②P7-49

中国国家版本馆CIP数据核字(2023)第132541号

目录

我喜欢
蔚蓝的海洋

我喜欢

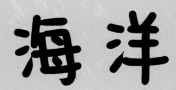海洋

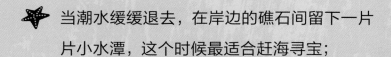

大海，我爱你！你是无数动物的家园，是地球上最大的动物栖息地。当然，你的迷人之处不止这些。

 当潮水缓缓退去，在岸边的礁石间留下一片片小水潭，这个时候最适合赶海寻宝；

 海洋产生生命所必需的氧气，与地球"息息"相关；

 在我们美丽的星球上，有超过三分之二的表面被海洋覆盖；

 在大海里游泳、划船，乐趣多多。

如果你住在海边或者可以去海边游玩，那就太幸运了，你可以亲眼见证海洋世界的奇妙。

玩水有危险，安全须牢记。
大人来陪伴，自己要当心。

海与洋

全世界有五大洋。你能在地图上找到它们吗？海属于大洋的一部分。海与洋彼此相连，组成了地球上广袤无际的海洋。

北冰洋

大西洋

太平洋

印度洋

南大洋

3

我喜欢

海滩
好看又好玩

有的海滩细沙软软，有的海滩布满卵石，还有的海滩沙和石都有。石子和贝壳碎粒经过海水反复打磨，变成细小的沙子。我喜欢寻找外形奇特的鹅卵石，比如有条纹的或者有小洞的。

你是不是总能见到海藻被冲上海滩呢？海藻可以产生氧气，帮助海洋保持健康的状态。

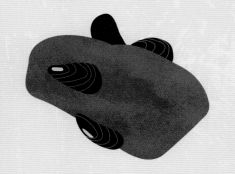

贝壳曾经是一些小动物的家。也许，你还能遇见仍旧生活在贝壳小屋里的"居民"，比如生长在礁石上的贻贝和窜来窜去的螃蟹。

海滩捡垃圾

如果薯片包装袋或者饮料瓶被丢进大海，就会伤害到海中的动物。我们都不希望这种事情发生，不妨带上你的朋友和家人去海滩捡拾垃圾吧！

我喜欢 海浪
我心爱的小伙伴

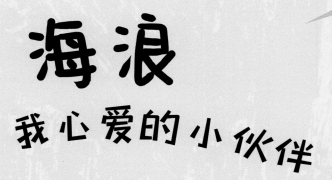

在海面下，洋流带动海水一刻不停地移动。在海面上，风吹动海面，形成海浪。海浪一波又一波地涌上海滩。

风吹得越快，持续越久，形成的海浪就越汹涌。说不定，冲到海滩上的海浪，来自几千千米之外呢！

学会游泳，乐趣无穷，这也是超级重要的本领！但是千万不要独自去游泳，一定要征求大人的意见，确保安全。

当海滩上涌来小浪花，你可以试试跳过去！

我喜欢

海潮
每天为海滩梳妆打扮

潮水涨涨落落，每天两次。海水奔涌向岸边，渐渐覆盖大片海滩——这就是涨潮。海水从岸边退去，慢慢露出海滩——这就是退潮。

地球在运行时，受到月亮和太阳的引力，引起海水运动，从而形成潮汐。

潮池 —— 赶海乐趣多

潮水退去后，许多海滩都会出现潮池。不妨和大人一起，静悄悄地坐在潮池边，没准儿能发现四处乱爬的螃蟹、游来游去的小鱼小虾，还有挥舞触手的海葵。

我喜欢 鲸和海豚

长相漂亮、性格讨喜的海洋动物

鲸和海豚像鱼一样生活在大海里，但其实它们和我们一样，都是哺乳动物！它们可以潜在水下很长时间，再浮出水面呼吸。它们喜欢和家人共同生活，聚集在一起形成"种群"。

鲸能发出悠悠长鸣，是发声最响亮的动物。海豚交流时，时而咔嗒叫，时而吱吱唱，时而亮出哨音，而且各有各的声调，如同我们各有姓名一样。

鲸和海豚还能利用声音确定路线，寻找食物。在大海里，它们发出的声音碰到物体，会形成回声被反弹回来。鲸和海豚根据听到的回声，就能探清楚周围海域。这种方式叫作"回声定位"。

我喜欢

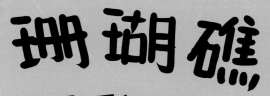

珊瑚礁
仿佛五彩缤纷的水下森林

珊瑚礁的建造者体形微小，叫作珊瑚虫。它们与海葵和水母是近亲。在一片珊瑚礁中，往往有几百种不同的珊瑚。

海藻为珊瑚增添斑斓的色彩，珊瑚则为海藻提供安全的家园和部分食物。海藻还为珊瑚的生长提供养料，制造了地球上的生命都需要的氧气。

珊瑚礁是活力满满的小世界。数百种动物在这里安家落户：不仅有小丑鱼、鲨鱼、鳐鱼和海马（它们全都是鱼哦！），还有章鱼、鳗鱼、海龟等，数都数不清。

一起保护珊瑚礁

请节约用水，这样可以减少排入大海的废水。如果你喜欢浮潜，千万不要触摸珊瑚或珊瑚礁上的任何东西。除此之外，你还可以加入保护珊瑚礁的组织，贡献你的力量。

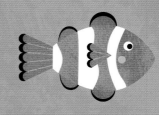

13

我喜欢

海鸟
歌声动人，令我陶醉

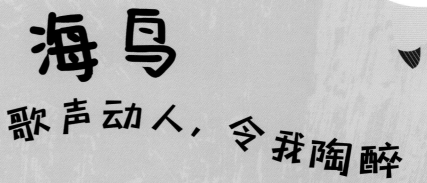

只要天空中传来海鸥飞翔时发出的尖厉的叫声，我就知道大海一定在不远处。

除了海鸥，海鸟的种类不胜枚举。我最喜欢的当数海鹦，它们看起来十分可爱，不仅是飞行高手，还擅长在水下游泳。

世界上翼展最宽的鸟是漂泊信天翁。这种神奇的海鸟一生中的大部分时间都在飞行，它们张开巨大的羽翼，乘着气流自由翱翔于天际。

漂泊信天翁

许多种类的海鸟——比如海鹦——都喜欢群体在悬崖上筑巢，聚集成巨大的群落，捕食者大多无法接近。

海鸥

咕 咕 咕

海鹦

海鸠（jiū）的蛋形状尖尖的，可以避免滚落悬崖——它们滚动时只会转圈圈！

海鸠

我喜欢

红树林沼泽
有效防止水土流失

大多数树木无法适应红树林的生长环境——全是咸水的热带海岸。红树林植物的根须特别长，可以伸入水下，扎进水底的沙土中，保证树干牢牢挺立。它们的树根还能过滤盐分，吸收水分。

红树林沼泽湿软泥泞，却是抵御风暴的屏障，能防止风暴掀起的巨浪冲击海岸。

16

除了保护土地，红树林沼泽还是海龟、螃蟹、鳄鱼以及许多鱼类和鸟类的家园。那里适合躲藏，十分安全，是许多海洋生物小宝宝的摇篮。

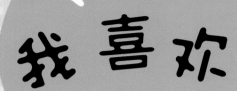

我喜欢

海洋分层
不同海洋生物的美好家园

阳光可以穿透海洋最上层的 200 米区域，这个区域叫作"日光区"。大多数海洋生物都生活在这片区域。

在 200～1000 米深的暮光区，光线大幅减少，生物种类也变少。

在 1000～4000 米深的午夜区，完全没有光线。抹香鲸可以潜入 2000 米的深海。

4000 米以下的海域叫作"深海区"。

这里的"居民"有水母、鱿鱼，
有些会在黑暗中发光！

生活在这里的动物不仅要适应黑暗，
还必须应对巨大的压强和冰冷的海水。

我喜欢 河口
鸟儿们的美食乐园

河流与大海、湖泊或是其他河流交汇的地方叫河口。潮水上涨，淹没河口；潮水退去，露出湿润而平坦的沙地。

河口的泥土里生活着数以百万计的蜗牛、蠕虫和甲壳类等小生物。涉禽会把长长的喙伸进泥土里，开始埋头大吃特吃！

观鸟

除了涉禽，成群的野鸭、鹅和天鹅也喜欢到河口觅食。尽管这里泥泞一片，却是观鸟的绝佳场所。如果你生活在远离海滩的地方，也有机会在鸟儿们飞向大海的途中，一睹它们矫捷的身姿。

有时，鸟儿们只用一条腿站在湿冷的泥浆里，另一条腿则缩进温暖的羽毛下。

我喜欢 深海生物

闪闪发光的神秘怪兽

海面下几百米的地方漆黑一片，异常冰冷，一些生物却依然生活在那里。

深海生物大多会自己发光，有的是为了迷惑捕食者，有的是为了彼此交流，有的是为了引诱食物主动上钩。鮟鱇鱼头上长着一根长长的骨质棒，末端会发光，仿佛钓鱼竿似的。亮光一旦吸引了其他动物靠近，鮟鱇鱼就能趁机捉住猎物饱餐一顿！

深海水母拖着有毒的长触角四处游动，但凡被触角缠住的生物，都会变成水母的美食。

我喜欢 冰冷的海
众多神奇动物的家园

地球的最北端是北冰洋，最南端是南极洲。这两个地方的海水非常寒冷，有时会冻结成海冰。海冰在冬天变多，在夏天则会融化一部分。

生活在寒冷海域的动物必须身怀保暖绝技。海象和海豹皮下有厚厚的脂肪，叫作鲸脂，它们依靠这些脂肪抵御寒冷。企鹅的羽毛表面具有防水功能，向内的一面始终保持干燥蓬松，能让企鹅感到温暖舒适。

帝企鹅

有些生活在北极附近的动物
非常强壮,比如北极熊和海象,
还有长着一根长角的独角鲸。

北极熊

独角鲸

虎鲸

南 极

豹海豹

企鹅和豹海豹是南极的主要
"居民"。在南北两极都有虎鲸
和座头鲸游弋的身影。

词汇表

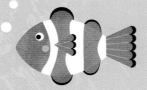

北极

北极点附近的地区。

捕食者

捕食其他动物的动物。

哺乳动物

恒温动物的一类，有脊椎，母体生下幼体
并用乳汁喂养。

潮汐

因太阳和月亮对地球的引力而形成的海水
涨落现象。

潮池

退潮后，海水在海滩上的岩石之间形成小
水潭，人们可以搜寻其中的海洋生物。

过滤

将一种物质与其他物质分离，如从海水中提
取盐。

河口

河流与大海、湖泊或是其他河流的交汇处。

红树林

生长在热带和亚热带海岸的一类树木。

回声定位

有些动物在发出声音后，会倾听周围物体反
弹的回声，从而确定方向。

甲壳类

生活在水中并有壳的动物，如贻贝和螃蟹。

捡垃圾

是指人们清理一个区域（如海滩）垃圾的活动。

南极

南极点附近的地区。

栖息地

各种生物生活的地方。

热带

靠近地球赤道的地区，气候温暖。

珊瑚

一种由微小生物珊瑚虫生成的坚硬物质。

珊瑚礁

由珊瑚堆积成的礁石。

氧气

一种气体，和其他气体共同组成我们呼吸的空气。

鱼类

变温动物的一类，在水中生活，有脊椎，用鳃呼吸。

索引

—我喜欢大自然—

我喜欢
神奇的植物

让孩子从捡落叶开始了解自然科学！

〔英〕特蕾西·特纳　著

〔英〕菲奥娜·鲍尔斯　绘

吕竞男　译

浙江科学技术出版社

著作合同登记号 图字：11-2023-131

First published in Great Britain in 2022 by Hodder & Stoughton
Written by Tracey Turner   Illustrated by Fiona Powers
Copyright ©Hodder & Stoughton, 2022
Translation Copyright © Dook Media Group Limited, 2023
All rights reserved.

中文版权 © 2023 读客文化股份有限公司
经授权，读客文化股份有限公司拥有本书的中文（简体）版权

图书在版编目（CIP）数据

我喜欢大自然. 我喜欢神奇的植物 /（英）特蕾西·
特纳著；(英) 菲奥娜·鲍尔斯绘；吕竞男译. — 杭州：
浙江科学技术出版社，2023.10
ISBN 978-7-5739-0733-2

Ⅰ.①我… Ⅱ.①特… ②菲… ③吕… Ⅲ.①自然科
学 – 儿童读物②植物 – 儿童读物 Ⅳ.①N49②Q94-49

中国国家版本馆CIP数据核字(2023)第132540号

书　名	我喜欢大自然			
著　者	〔英〕特蕾西·特纳			
绘　者	〔英〕菲奥娜·鲍尔斯			
译　者	吕竞男			

出　版	浙江科学技术出版社	地　址	杭州市体育场路347号
邮政编码	310006	联系电话	0571-85176593
发　行	读客文化股份有限公司	印　刷	河北中科印刷科技发展有限公司

开　本	787mm×1092mm 1/12	印　张	16
字　数	200千字	审图号	GS浙（2023）47号
版　次	2023年10月第1版	印　次	2023年10月第1次印刷
书　号	ISBN 978-7-5739-0733-2	定　价	149.90元（全6册）

责任编辑	卢晓梅	责任校对	陈宇珊	责任美编	金　晖	责任印务	叶文炀
特约编辑	陈佳晖	马敏娟		封面装帧	张路云	内文装帧	赵　平

目录

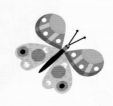

我喜欢
神奇的植物

我喜欢

植物

我喜欢植物！它们可以成为猴子、松鼠和小鸟等各种动物的家园，还为它们提供食物。

无论是草莓、土豆，还是面包和大米，这些美味的食物都来自植物。

有些植物长得特别好看。你看，这朵西番莲漂亮吗？

植物还可以作为药物被使用。

植物也能帮助地球上的生物呼吸，很神奇吧！

即使你住在市中心，也不
难找到几棵树或者其他种类的
植物。只要你走出门，它们就
在你的身边。

地球陆地的三分之一
被森林覆盖。植物的种类
更是数不胜数。

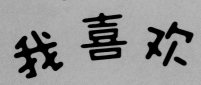

我喜欢

守护地球的树
地球的健康卫士

树是身姿绰约的精灵，更是地球不可或缺的成员。没有树，我们就无法生存！

树无法摄取食物，只能靠吸收二氧化碳（这种气体和我们代谢呼出的气体相同），并在阳光的帮助下，将二氧化碳和水转化成养分。与此同时，它们还生成氧气，并释放到空气中。

释放氧气

吸收二氧化碳

只要是动物，就需要氧气来呼吸。

如果没有树的无私奉献，地球将变得面目全非，我们也无法生存下去。

种树啦

你想不想亲手种下一棵树？如果家里的空间不够大，不妨在家附近找找看有没有植树活动吧。快快加入它们！

5

我喜欢

会"长"小鸟的树
鸟儿的温馨家园

很多鸟儿都离不开树，它们喜欢在大树上筑巢安家。白头海雕的巢超级宽大，长度和小汽车差不多，只有非常高大的树，才能满足它们筑巢的要求。

啾啾、啾啾、啾啾……

我喜欢听鸟儿唱歌。每到春夏时节，有时天一亮我就起床，打开窗户，听鸟儿们亮出歌喉，呼朋唤友。它们的歌声曼妙婉转，仿佛在吟唱一曲"黎明大合唱"。

除了唱歌，鸟儿还会发出其他声音。啄木鸟啄开树干筑巢，还喜欢挖出里面的虫子大快朵颐。它们虽然不是优秀的歌手，却是出色的鼓手，用笃笃声告诉朋友"我在这棵大树上等你"。

我喜欢 会落叶子的树

四季更迭的信使

树枝上冒出第一个绿芽，这是春回大地的信息，它告诉我们天气将逐渐变暖。听，鸟巢里是不是有小鸟宝宝在啁啾地叫？

夏日炎炎，树木枝叶茂盛，绿意盎然。小鸟宝宝渐渐长大，开始学习飞行。

秋天来了，落叶乔木的树叶开始偷偷改变颜色，再慢慢枯萎，轻轻飘落。沙沙沙沙，踩着堆得厚厚的秋叶，是不是很好玩呀？

冬天降临，落叶乔木只剩下光秃秃的枝条。即便如此，它们的魅力仍然不减半分。

去爬树

我最喜欢爬树啦！如果你也想试试身手，最好请大人来帮忙，先挑一棵安全的大树。万一你不小心被卡在半空，他们还能把你"摘"下来。

我喜欢 四季常青的树
为寒冷冬日增添一抹绿意

叶子一年四季都是绿油油的植物叫作常绿植物，它们看上去好像叶子保持不变。每到冬天，天气寒冷晦暗，如果缺少了这些常绿植物，世界一定会显得沉闷无趣！

针叶树也是世界上最重的植物。生长在美国加利福尼亚的巨杉重达5500吨！

大多数针叶树都是常绿植物，它们的叶片坚硬，有些仿佛尖刺一样。世界上最高的树就属于这类植物。美国加利福尼亚有一棵海岸红杉，高达116米。在目前所有存活的树中，这棵红杉的个头最高。

种植常绿植物

有些常绿植物个头不大。你可以在花盆里种上几棵帚石南。这种植物会开花，而且品种不同，开花的时间也不相同。

 我喜欢

鲜艳娇美的花
香喷喷的美丽精灵

我最喜欢会开花的植物：百合花、玫瑰花和茉莉花，它们既漂亮，又香气宜人。会开花的植物有成千上万种。

12

花朵颜色艳丽，气味馥郁芬芳，这是为了吸引昆虫，它们仿佛在说："这里有甜美的花蜜，快来享用吧！"昆虫吸食花蜜的同时，还将花粉从一朵花带到另一朵花上，帮助植物结出种子，繁殖后代。

我喜欢观察蜜蜂、蝴蝶之类的昆虫，看着它们在花丛中忙忙碌碌，嗡嗡地从一朵花飞向另一朵花。

种花啦

请大人帮助你种下花籽，然后等待它们绽放出五颜六色的花朵。旱金莲的种子非常容易种植——春天种下小种子，到了夏天，就能开出明亮的橙色花朵。

我喜欢

可以吃的植物

真好吃啊！

果实、种子、叶片和根茎……植物的不同部分都可以作为食物。

无论哪种果实，都是先开花再结果。只有开过花，植物才能长出美味香甜的草莓、橙子、蓝莓和苹果……就算想吃南瓜、西葫芦和黄瓜，我们也必须耐心等待花开花落。

我们喜欢吃有些植物的根或块茎，比如马铃薯、胡萝卜和甜菜；有些植物我们只吃它们的绿叶，比如卷心菜和生菜。

还有些植物的种子才是我们的食物，比如大米就是种子。我们把小麦的种子磨成面粉，变成制作薄饼或者各式各样面包的原材料。

种土豆啦

春天来了，快找找看，在你家里有没有发芽的土豆。把发芽的土豆种在户外或者花盆里，用不了多久，它就会长出很多叶子。几个月后，再挖出来，你将收获挂在根须上的新土豆。

我喜欢 沙漠里的植物

神奇储水罐

在极度缺水的地方，植物也能茁壮成长吗？当然能！沙漠植物都是寻找水源、储存水分的高手。

有些沙漠植物的根超级长，相当于两辆公共汽车加起来的长度！它们之所以有这么长的根，就是为了探寻深埋地下的水。

仙人掌利用根须收集雨水，再把水分储存在肉茎里。即使碰到多年没有雨水的情况，它们也照样能生存下去。仙人掌没有叶片，只有尖尖的硬刺，这样才不至于沦为动物口中的美味。仙人掌属于开花植物，能开出美丽多彩的花。

复苏植物也属于沙漠植物。没有水的时候，它们会变得干枯，看起来仿佛死了。它们在沙漠中随风游荡，如同棕色的幽灵。其实，这些植物根本没有死。只要一下雨或者找到水源，它们就能吸足水分，张开卷曲的绿色叶子。

我喜欢 绿色的大草原

神奇动物的美好家园

有些地区没有充足的雨水，树木无法大量生存，于是变成了草的领地。哪怕有动物啃食，草也依然不会停止生长。这样一来，种群庞大的食草动物就可以开开心心地吃个饱。

在世界各地，你可以见到不同类型的草原：非洲的稀树草原、北美洲的普列利草原、亚洲的干草原、南美洲的潘帕斯草原和塞拉多草原。

非洲的稀树草原是很多动物的家园。那里不仅有喜欢吃草的斑马、角马和羚羊，还有捕猎食草动物的狮子、猎豹和花豹。

广阔的大森林
居住着我最喜欢的动物

在美国阿拉斯加的森林中，生活着熊、狼和驼鹿等大型动物，森林里的动植物是它们的食物。

在北欧的林地，你不仅能看到松鼠的灵活身影，在黎明或黄昏时分，还能碰到红狐或者獾。鼠类等小动物也喜欢在那里安家。除此之外，那里还有数不清的各种昆虫。

森林漫步

让大人带你去森林里逛一逛吧！找个地方坐下来，然后尽量不要动，也不要说话。你看到小动物了吗？有没有听到它们的声音呢？数一数究竟有多少种小动物吧！

大熊猫是我最喜爱的动物，它们的故乡是中国。大熊猫生活在森林里，主要食物是竹子。

我喜欢

神秘的雨林

永远生机勃勃

亚马孙雨林是世界上最大的雨林。那里生长着数以万计的各种植物，甚至还有一种会"走路"的棕榈树，它们的根好像高跷腿！亚马孙雨林的一些植物也具有药用价值。

亚马孙雨林里栖息着数百万种动物，包括很多色彩斑斓的鸟，比如鹦鹉和巨嘴鸟。

亚马孙雨林是动物的王国：光是这里的昆虫就多达250万种，更不要说成千上万种千奇百怪的鱼、鸟和爬行动物等。世界上最大的甲虫——泰坦甲虫和世界上最小的猴子——侏儒狨猴，都是亚马孙雨林的"居民"。

这种森林因为降雨量非常大，所以得名"雨林"。雨林每年的平均降雨量高达3米！即使像英国这样多雨的国家，年降雨量也只有85厘米左右。

23

我喜欢

花盆里的植物
为房间增添自然之趣

盆栽植物好养活，所以它们特别棒！比如多孔龟背竹，栽培起来简单极了。它们的叶片形似乌龟壳，也有人说它们看起来好像蜂窝状的瑞士干酪。

喜欢温暖的环境，而且不需要太多阳光的植物，是室内栽培的首选品种。它们大多原产于热带地区，生长在森林底层。

室内盆栽小贴士

大多数植物都需要充足的自然光照，所以需要把它们放在离窗户不超过2米的地方。千万别频繁浇水，小心淹死它们！别忘了给花盆预留排水孔哟。

25

词汇表

常绿植物

叶子不在同一时间全部脱落的植物。

二氧化碳

一种气体（温度极低时，可以变成固体）。人和动物都会呼出二氧化碳。

根

帮助植物附着在地面，负责为植物的其他部位输送水和养分。根部通常扎在地下，但也有例外。

花蜜

由花朵分泌的甜美液体。

块茎

植物的茎隐藏在地下的部分，可以长出新的植物。

昆虫

一类小型动物，长着六条腿，身体分为头、胸、腹三个部分，坚硬的外壳叫作外骨骼。

落叶乔木

冬天叶子全部脱落的植物。

热带地区

靠近赤道的温暖地区，赤道是环绕地球中部的一圈假想线。

食草动物

以植物为食的动物。

树

一种木本植物，通常有一根主干，再分出枝丫。

吸收

类似于海绵吸水。

稀树草原

树木稀少但长满草的平原。

仙人掌

一种植物，长着粗大的肉质茎，没有叶片，只有硬刺，花朵十分鲜艳。

氧气

组成空气的气体之一，也是我们呼吸所需要的气体。所有动物的生存都离不开氧气。

叶

植物的叶子或叶状部分。

雨林

每年降雨量超过2.5米的森林。除了亚马孙等热带雨林，温带地区也有雨林。

索引

我喜欢大自然

我喜欢
可爱的动物

让孩子从捡落叶开始了解自然科学！

［英］特蕾西·特纳　著
［英］菲奥娜·鲍尔斯　绘

吕竞男　译

浙江科学技术出版社

著作合同登记号 图字：11-2023-131
First published in Great Britain in 2022 by Hodder & Stoughton
Written by Tracey Turner   Illustrated by Fiona Powers
Copyright ©Hodder & Stoughton, 2022
Translation Copyright © Dook Media Group Limited, 2023
All rights reserved.

图书在版编目（CIP）数据

我喜欢大自然. 我喜欢可爱的动物 / (英) 特蕾西·
特纳著；(英) 菲奥娜·鲍尔斯绘；吕竞男译. -- 杭州：
浙江科学技术出版社, 2023.10
ISBN 978-7-5739-0733-2

Ⅰ.①我… Ⅱ.①特…②菲…③吕… Ⅲ.①自然科
学 - 儿童读物②动物 - 儿童读物 Ⅳ.①N49②Q95-49

中国国家版本馆CIP数据核字(2023)第132544号

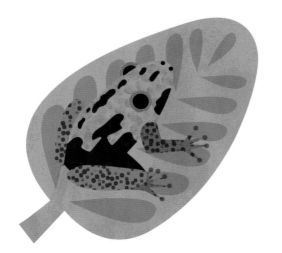

目录

我喜欢
可爱的动物

我喜欢 人类

地球上生活着许多不同种类的动物，既有一丁点儿大的蚂蚁，也有身躯庞大的鲸。你知道吗？我们人类也和它们一样，都是动物！

全世界有超过 80 亿人（80 亿哦！），然而，我们每个人又都是独一无二的。

我们以不同的方式生活在世界的各个角落。虽然我们喜欢和讨厌的东西不一样，但还是有许多相似之处。

无论哪种动物，都离不开食物、水和安全的生活场所。我们人类还彼此结伴，共同生活。

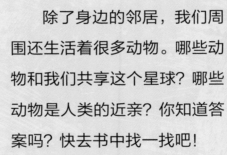

除了身边的邻居，我们周围还生活着很多动物。哪些动物和我们共享这个星球？哪些动物是人类的近亲？你知道答案吗？快去书中找一找吧！

我喜欢

猫猫狗狗
最佳宠物

高个子的大狗、矮个子的小狗、长毛的狗、短毛的狗……不同品种的狗体形不同，外表各异。只要我们能给以悉心的照料、科学的训练，狗就可以成为人类的好朋友。它们拥有超强的嗅觉，比人类的嗅觉厉害一万倍，是不是特别神奇呀？

克劳德

克雷德

蒙蒂

这是我的狗——蒙蒂，我的猫——克劳德和阿黛尔，还有它们的朋友。

猫也是人类的好朋友。它们性格独立，可以很好地照顾自己，不像狗那样依赖人。我喜欢听猫咪打呼噜。我的猫只要发出这种声音，就说明它心情不错。

狗和猫都长着爪子，不过，猫经常把尖爪藏在脚趾的肉垫里。

哺乳动物

狗和猫是哺乳动物，人也一样。我们都有毛发或皮毛，属于温血动物。

露丝

阿黛尔

皮普

我喜欢毛茸茸的小宠物
软乎乎的小可爱

小兔子全身毛茸茸的，两只耳朵长长的。它们喜欢结伴生活，所以我养了两只小兔子，一只叫软糖，另一只叫斑点。它们经常蹦蹦跳跳，挤成一团！我必须给它们准备充足的水和食物。除此之外，我还在花园里为它们准备了大兔笼和带顶棚的跑道。

软糖

斑点

我的朋友养了一只宠物鼠，名叫黛利拉，十分可爱。黛利拉喜欢与人亲近，是个聪明的小淘气。每次挠它痒痒，黛利拉都会吱吱叫出声，好像人在笑一样！

吱吱！

黛利拉

养宠物资格自查表

🦴 你有时间照顾这只宠物吗？它需要什么？（比如需要户外散步、梳理毛发、陪着玩耍等。）

🦴 宠物需要结伴生活吗？

🦴 宠物需要居住在什么地方，比如小屋子或者笼子？

🦴 你能负担得起宠物的食物和医疗费用吗？

🦴 请务必做出正确的选择！

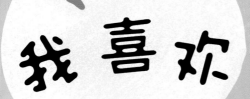 **我喜欢**

雨林里的动物

独一无二的存在

热带雨林常年温暖潮湿。数百万种不同的植物和动物在那里繁衍生息。

亚马孙雨林是箭毒蛙的家园。箭毒蛙是一种只有几厘米长，颜色鲜艳，非常漂亮的两栖动物。有的箭毒蛙毒性极强。

巨嘴鸟

金刚鹦鹉

箭毒蛙

 8

树懒

猴子

树懒是哺乳动物，它们常常一动不动地倒挂在树上。

变色龙属于爬行动物。它们改变身体的颜色，有时是为了保暖或降温，有时是为了显示心情的好坏。变色龙的舌头又长又黏，是捕食小动物的好工具。

拯救雨林

我们不仅要保护雨林，还应该保护生活在雨林中的动物，停止砍伐树木的行为。你知道有哪些保护雨林的组织吗？不妨去学校问问老师吧！

变色龙

q

我喜欢 极地动物
生存专家

两极地区位于地球的最北部和最南部。北边是北极，包括寒冷的北冰洋及其周围的陆地。南边是南极，是一片被海洋包围的冰冻大陆。

在北极，海象身上覆盖着厚厚的脂肪，叫作鲸脂，足以帮它们保持温暖。为了呼吸，海象用长长的獠牙在冰面上钻出呼吸孔，或者自己爬出海面。

为了生育小宝宝，帝企鹅要在冰天雪地中长途跋涉，去往南极洲的内陆地区。之后，企鹅爸爸和企鹅妈妈会轮流返回大海觅食。

麝牛称得上是全世界毛发最长的动物啦！厚实的皮毛足以帮它们抵御北极的寒冷。

我喜欢

昆虫
生活中不可或缺的小帮手

所有昆虫都长着六条腿，身体分为头、胸、腹三部分。大多数昆虫都有翅膀。瓢虫、苍蝇和蜜蜂都属于昆虫。

有些昆虫喜欢在花丛中一边嗡嗡嗡地飞来飞去，一边为植物授粉。有了它们的帮助，植物才能孕育种子，为我们提供食物。蜜蜂、蝴蝶和食蚜蝇都是授粉小能手。

昆虫旅店建造指南

如果你家有花园，请留下一点儿空间，让植物自由生长。昆虫们一定会喜欢你的安排！然后你可以用可回收材料，打造一家昆虫旅店。

虽然苍蝇长得并不漂亮，但它们很有用。它们帮忙分解动物粪便、腐烂的水果等，把这些东西分成更小的部分。而分解是生命循环必不可少的过程。

我喜欢 草原上的动物

种类繁多差异大

草原的气候相当干燥，很多树木无法生存，但是草原的干燥程度又比不上沙漠地区。在非洲、亚洲、北美洲和南美洲都有草原分布。

在非洲草原，不仅有世界上最大的陆地动物——大象在那里悠闲漫步，还生活着猎豹，它们是世界上奔跑速度最快的陆地动物。

在阿根廷的潘帕斯草原，很多神奇的动物自由自在地在那里生活。你知道有哪些动物吗？

原驼的外形与美洲驼、羊驼类似，只有在潘帕斯草原才能一睹它们的身姿。

可爱的兔鼠好像兔子拖着一条长尾巴，总是一副昏昏欲睡的样子。

大食蚁兽用长长的舌头舔食昆虫。

濒危动物

大象、大食蚁兽和原驼都是濒危动物，现存数量很少，面临灭绝的危险。听到这个消息，你是不是也很难过？

我喜欢 海洋生物
美丽水世界中的精灵

海洋是地球上最大的动物家园。除了各种鱼和海洋哺乳动物，螃蟹、章鱼、海鸟、鳄鱼……数不清的动物都在大海安家落户。

在五颜六色的珊瑚礁里，漂亮的生物随处可见，比如我最喜欢的小丑鱼。海葵挥动着触手翩翩起舞，小丑鱼灵巧地在其中游来游去。海葵也是一种动物，它们的触手能刺痛其他动物，却不会伤害小丑鱼。

海马

螃蟹

海龟

章鱼

海葵

小丑鱼

清洁海滩

保护美丽的大海，我们义不容辞。如果你住在海边，不妨去海滩帮忙捡拾垃圾，防止塑料之类的垃圾进入大海。

⚠️ 水边有危险，
安全记心间，
大人须陪伴。

蓝鲸是地球上体形最大的动物，就连个头最大的恐龙都比不上它。蓝鲸体长可达 30 米，比 6 辆汽车加起来还要长。它们的体重高达 200 吨，相当于 130 多辆普通汽车的总重量！

17

我喜欢

鸟类
自由翱翔在天际

漂泊信天翁

雨燕

鸟类拥有轻盈的骨骼、强健的肌肉，还披着羽毛，这样的身体构造特别适合飞行。

有一种小鸟叫雨燕，它们会不远万里从欧洲飞到非洲过冬。有些雨燕一路飞翔，中途从不停歇，这一趟旅程需要耗费几个月的时间！

漂泊信天翁是翼展最宽的鸟儿。它们张开巨大的羽翼，在空中翱翔时，几乎不用扇动翅膀。

观鸟

让大人带你去附近观察各种鸟儿，试着根据鸟儿的歌声，辨别出是哪种鸟儿吧！如果条件允许，不妨在你家的花园或者阳台安放喂鸟器，吸引鸟儿过来小憩片刻。

啾啾、啾啾、啾啾……

我喜欢

森林里的动物

野外好邻居

我喜欢在林间散步，看看能发现多少种动物。仅仅一棵橡树，就能吸引很多种生物。

在树林间的地面上，小虫子以落叶为家，这里的居民包括鼻涕虫、蜗牛、蜘蛛、甲虫、蜈蚣、千足虫、潮虫和蚂蚁。蚯蚓喜欢在土壤中扭来扭去。

啄木鸟笃笃地啄树干，给同伴传递信息。

灰松鼠利用尾巴保持平衡，在树枝间跳来跳去。秋天，它们把橡子埋在地下，为冬天储备食物。

小鹿过来寻找美味的橡子。

蝴蝶在橡树叶上产卵。

21

我喜欢

澳大利亚的特有动物
地球之上独此一家

看呀，这些动物全都是澳大利亚独有的。除了图中的，澳大利亚还有许多特有的动物。

在澳大利亚的乡村，到处都是袋鼠蹦蹦跳跳的身影。红袋鼠轻轻一跳，能跳出 8 米远。袋鼠不仅是哺乳动物，和澳大利亚的许多动物一样，也属于有袋动物。

有袋动物的幼崽会爬进妈妈身上一个特殊的育儿袋里，并在那里生活到长大。

兔耳袋狸生活在沙漠中，有着长长的耳朵。

袋狸和兔耳袋狸也是有袋动物。袋狸长得好像尖鼻子的老鼠，非常可爱。

说到地球上最奇怪的动物，不能不提及鸭嘴兽。它们的嘴像鸭子，宽大的尾巴像海狸，厚实而防水的皮毛像水獭。鸭嘴兽主要生活在澳大利亚东部的河流中。

我喜欢

猴子和猿
人类的近亲

猴子和猿具有强烈的好奇心，头脑聪明，善于解决问题，看起来跟人类很像！在所有现存动物中，黑猩猩与我们的关系最为密切。

猴子大多喜欢待在树上。个头最小的猴子当数侏儒狨猴，其头部和身体加起来大约 13 厘米长。

侏儒狨猴

不仅大猩猩、红毛猩猩、长臂猿、黑猩猩和倭黑猩猩（倭黑猩猩长得好像矮个子的黑猩猩）属于猿类大家族，人类也是其中的一员。有些猩猩和我们人类一样，懂得使用工具。瞧，这只猩猩正举着一片大树叶当雨伞呢!

濒临灭绝的猴子和猿

许多猴子和猿类都面临灭绝的危险。你知道有哪些保护猿猴的组织吗？你是否愿意加入其中，贡献自己的一份力量呢？

词汇表

濒危

指动植物面临消亡或灭绝的危险。

哺乳动物

有脊椎的温血动物，通常全身有毛发，母体用乳汁喂养幼崽。

极地

地球的最北部和最南部，即北极、南极和两极周围的地区。

鲸脂

鲸鱼、海豹和海象等动物厚厚的脂肪，帮助它们在寒冷的气候中保暖。

两栖动物

长着脊椎的冷血动物，既可以在陆地生活，也可以在水中生活，比如青蛙和蟾蜍。

獠牙

很长的牙齿，往往从嘴里伸出来，如大象和海象都长着獠牙。

爬行动物

一种冷血动物，通常有鳞片覆盖全身，如蛇和蜥蜴。

热带

靠近赤道的地方，气候全年温暖湿润。

珊瑚

由一种微小的海洋动物形成。有些珊瑚能形成坚硬的覆盖物，叫作外骨骼。珊瑚礁就是由这种物质组成的。

授粉

将花粉从花朵的雄蕊传到雌蕊。

温血动物

即使周围环境较热或较冷，也能保持体温不变的动物，如鸟类和哺乳动物。

有袋动物

一类雌性身上长着育儿袋的哺乳动物。

雨林

降雨量很大的茂密森林。雨林是多种动植物的家园。

索引

— 我喜欢大自然 —

我喜欢奇妙的昆虫

让孩子从捡落叶开始了解自然科学！

［英］特蕾西·特纳　著

［英］菲奥娜·鲍尔斯　绘

吕竞男　译

浙江科学技术出版社

著作合同登记号 图字：11-2023-131
First published in Great Britain in 2022 by Hodder & Stoughton
Written by Tracey Turner　　Illustrated by Fiona Powers
Copyright ©Hodder & Stoughton, 2022
Translation Copyright © Dook Media Group Limited, 2023
All rights reserved.

中文版权 © 2023 读客文化股份有限公司
经授权，读客文化股份有限公司拥有本书的中文（简体）版权

图书在版编目（CIP）数据

我喜欢大自然. 我喜欢奇妙的昆虫 /（英）特蕾西·
特纳著；（英）菲奥娜·鲍尔斯绘；吕竞男译. -- 杭州：
浙江科学技术出版社, 2023.10
ISBN 978-7-5739-0733-2

Ⅰ. ①我… Ⅱ. ①特… ②菲… ③吕… Ⅲ. ①自然科
学－儿童读物②昆虫－儿童读物 Ⅳ. ①N49②Q96-49

中国国家版本馆CIP数据核字(2023)第132539号

目录

唧唧

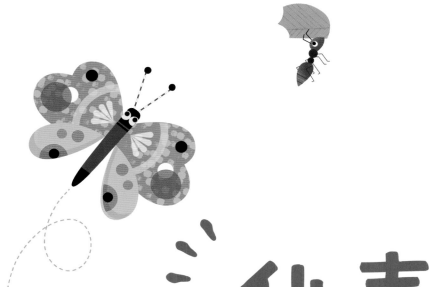

我喜欢奇妙的昆虫

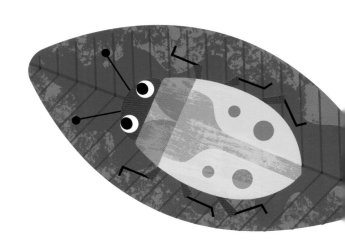

我喜欢
各种各样的小虫子

我喜欢小虫子！我喜欢漂亮的蝴蝶，也喜欢色彩鲜艳的甲虫。

毛茸茸的大黄蜂喜欢嗡嗡嗡叫，蟋蟀喜欢唧唧叫个不停，这些虫子的声音是不是很有趣呀！

虫子还是我们的好帮手，维持着花园的生态环境。它们了不起吧！

嗡嗡

翻开这本书，你不仅能认识各种昆虫，比如蜜蜂、甲虫和蝴蝶，还能见到蜘蛛，我们一般把它们统称为"虫子"。

虫子就藏在你家门口，等着你来拜访。只要仔细看一看，听一听，你就会发现不少秘密。

3

我喜欢

蜂

春天的信使

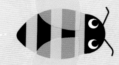

每当天气变暖，冬季宣告结束，各种蜂就开始到处嗡嗡飞。

我喜欢观察各种蜂，看它们在花丛中飞舞，发出让人昏昏欲睡的嗡嗡声。蜂的种类可不少呢！

4

大黄蜂看起来圆滚滚、毛茸茸的。

有些种类的大黄蜂喜欢在地下筑巢，有些喜欢在草丛里筑巢，还有些则喜欢在树上筑巢。

蜜蜂能量饮料

如果你在地上发现了飞不动的蜜蜂，请在小盘子里放入两茶匙糖和一茶匙水，混合后将盘子放在蜜蜂旁边。说不定，你就能看到蜜蜂将糖水喝下去后，重新拥有飞走的力气啦！

糖

我喜欢 蜜蜂
因为我爱吃蜂蜜

蜜蜂嗡嗡嗡地采集着花粉，吸取花蜜。回到蜂巢后，它们把花粉储存起来当作食物，还把花蜜酿成蜂蜜。

养蜂人用蜂箱饲养蜜蜂，他们会给蜜蜂留下足够的食物，取出多余的蜂蜜供人类食用。

蜜蜂把一朵花的花粉传播到另一朵花上，帮助花孕育种子。很多其他虫子也拥有这样的本领。

帮助小蜜蜂

你想给蜜蜂帮帮忙吗？那就多种一些它们喜欢的花吧。薰衣草是蜜蜂最喜爱的一种植物。哪怕你家没有花园，只要在窗台上摆放一些花卉，蜜蜂也同样愿意前来拜访。

蜂蜜

薰衣草

大丽花

我喜欢

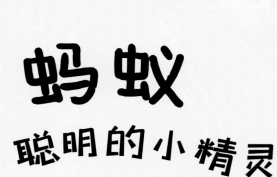

蚂蚁
聪明的小精灵

蚂蚁的种类多得数也数不清。蚂蚁喜欢生活在一起，组成蚁群大家庭。

为了寻找食物，蚂蚁四处奔走。它们会在身后留下有特殊气味的化学痕迹，方便同伴一路相随。

蚂蚁能携带超出自己体重好几倍的物品。假如你变成蚂蚁那样的大力士，你就能轻轻松松举起一个成年人。

蚂蚁特别聪明。有些蚂蚁甚至会照顾蚜虫，它们保护蚜虫不被捕食者吃掉，然后食用蚜虫排出的蜜露。

热带雨林中有很多种类的蚂蚁，比如切叶蚁。切叶蚁生活在中美洲和南美洲，喜欢用锋利的上颚切下树叶，带回蚁巢，然后用树叶培育真菌作为自己的食物。

9

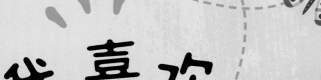

我喜欢

蝴蝶
最漂亮的昆虫

蝴蝶的颜色五彩斑斓，这不仅能让它们和花儿融为一体，吸引同伴，还可以警告捕食者："我可不好欺负。"当然，色彩鲜艳的蝴蝶是不是也很漂亮呀！

蝴蝶幼虫和它们的父母没有半点相似之处。

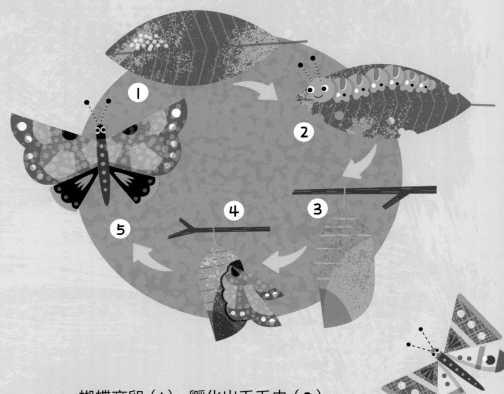

蝴蝶产卵（1）。孵化出毛毛虫（2）。毛毛虫特别能吃，之后再变成蛹（3）。

毛毛虫在蛹里成长蜕变，最终从蛹里钻出来（4）。等一切就绪，蝴蝶会展开翅膀飞向远方（5）。这简直就像一场"大变蝴蝶"的魔术！

蝶恋花

如果你家有花园，不妨种上几丛醉鱼草，这种灌木深受蝴蝶的喜爱。醉鱼草会开出紫色的小花，很容易养活。

醉鱼草

我喜欢 蟋蟀
夏日歌唱家

唧唧

唧唧

太阳下山后，蟋蟀们纷纷露出头，开始尽情地放声歌唱。

蟋蟀的歌声源于不断摩擦的翅膀，两只翅膀上下交叠，通过摩擦发出声音。只有雄性蟋蟀才拥有这项本领，它们依靠自己的歌声吸引雌性蟋蟀。

唧唧

唧唧

嘟嘟

嘟嘟嘟嘟嘟嘟嘟嘟嘟 嘟

蟋蟀们聚在一起，仿佛一支大型合唱团，我最喜欢听它们的歌声。大合唱如此热闹，难怪人们会觉得小小的蟋蟀能带来好运气。

虫虫家园制作秘籍

为了保护蟋蟀和其他小虫子，方便它们躲避捕食者或者产卵，来帮虫子们建造一个家园吧。你可以找一个旧塑料瓶，切掉前半边，再放入树枝、硬纸管、干花和树叶等。

虫虫的家园

我喜欢

飞蛾

夜晚魔法师

大多数飞蛾喜欢在黄昏、夜间或者黎明时分出来活动。有些飞蛾循着花儿的香气而来，钻进花苞里，用细细长长的口器喝花蜜。有些飞蛾在某些阶段什么都不吃，也有些飞蛾把地毯和衣服当作食物。

如果按照个头大小给全世界的飞蛾排序，漂亮的皇蛾绝对是佼佼者。它们的双翅展开可以达到 30 厘米，和餐盘差不多大！皇蛾一般生活在东南亚，变成成虫后无法进食，它们短暂的一生只为寻找配偶和产卵。

有些昆虫在成年后无法进食，它们身体所需的全部能量都来自幼虫时吃下的食物。

15

我喜欢 蜻蜓

特技飞行专家

蜻蜓捕捉猎物时，喜欢猛地冲上去，飞行速度在昆虫中名列前茅。它们时而向后倒飞，时而左右移动，时而向前急冲，时而上下翻飞。

蜻蜓的颜色明亮动人。快看，这里有一只雌性帝王伟蜓！

蜻蜓常常生活在池塘附近，因为它们把卵产在水中。卵孵化后，蜻蜓幼虫即使还没有成年，也依然是凶猛的水下猎手。

池塘小窥

很多昆虫都喜欢生活在池塘边，比如划蝽、长得像小蜻蜓的豆娘等。让大人带你去池塘边转一转，看看你能发现几种虫子。没准儿，你还能见到青蛙和蝾螈呢。

⚠️ **水边有危险，安全记心间！**

甲虫

奇特的精灵

甲虫种类繁多，数以万计。如果把全世界所有生物的种类都一一列举出来，每五种里面大概就有一种是甲虫！

瓢虫是甲虫家族的一员。大多数甲虫都长着两对翅膀：软翅膀用来飞行，硬翅膀好像盔甲，覆盖在身体表面。瓢虫坚硬的外翅膀上长着斑点，我最喜欢数那些小黑点啦！

大多数甲虫喜欢吃植物，而瓢虫却以个头更小的动物为食。当然瓢虫也会成为其他动物的腹中美食。如果瓢虫感觉受到攻击，它们的腿还能喷出难闻的化学物质呢！

有些甲虫身上的颜色鲜亮，图案花哨。吉丁虫不仅颜色鲜艳，亮闪闪的样子还能迷惑捕食者，让敌人难以发现。这只甲虫来自泰国，身上五颜六色，算不算甲虫界的"美人"呢？

我喜欢

萤火虫
仙境灵光

夏日的夜晚，萤火虫利用身体的特殊器官，发出闪烁的荧光，忽明忽暗，仿佛圣诞树上的彩灯。

萤火虫也是甲虫家族的成员。它们的身体末端会发光，用于显示彼此的位置。全世界大约有两千种萤火虫，它们发光的方式也各不相同。

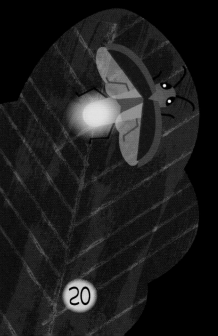

在萤火虫的一生中，它们绝大部分时间是幼虫的形态，幼虫在地下生活两年之久，以鼻涕虫、蜗牛和蠕虫等为食，而且在黑暗中也会发光。成年的萤火虫通常只能活几个星期。

我喜欢 蜘蛛

织网小能手

清晨，蜘蛛网上凝结着晶莹的小露珠，仿佛挂着一串串钻石。

蜘蛛以更小的虫子为食，为了捕捉猎物，它们兢兢业业地织网。

蜘蛛的身体里有"吐丝器"，可以吐丝结网。

首先，蜘蛛要在两地之间架起一座"丝"桥；然后，再慢慢补全其余的部分。有的蛛丝负责固定位置，有的蛛丝像车轮的辐条一样，还有的蛛丝从中心一直盘到最外圈。

无论哪种蜘蛛，都有吐丝的本领。然而有些蜘蛛却不会织网，它们喜欢跳起来扑倒猎物。有些蜘蛛专门生活在洞穴中，利用枯叶制造陷阱，让受骗的小动物措手不及！

当心，有蜘蛛网！

小心点儿，别把蜘蛛网弄破啦！这可是蜘蛛费时费力好不容易才织出来的。

23

我喜欢 传粉昆虫
花朵助手

喜欢在花丛中飞来飞去的不仅有蜜蜂、蝴蝶，还有食蚜蝇、甲虫等许多昆虫，它们将花粉从一朵花带到另一朵花，帮助花儿形成种子，结出果实。

难以想象没有美丽花朵绽放的世界！我最喜欢亮橙色的金盏花。

有些花传粉后会结出果实，比如我们吃的水果和蔬菜。因此，如果没有传粉动物，我们就不会有覆盆子、草莓、豌豆和西葫芦等美味的食物了。我们吃的很多食物都需要传粉动物来帮助它们生长。

传粉昆虫，面临危险！

种植花卉特别容易吸引传粉昆虫上门探访。请你告知家里的大人，千万不要给花卉喷洒杀虫剂，避免误伤传粉昆虫和其他小动物。只要有水、阳光和偶尔的一点肥料，花儿们就心满意足了。

词汇表

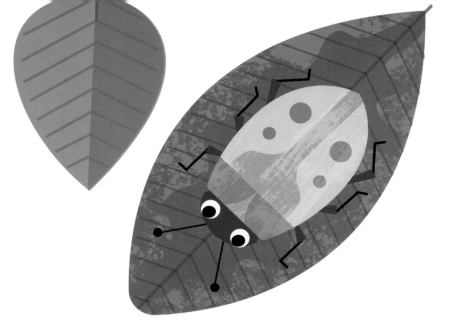

虫子

人们通常把昆虫、蜘蛛等小爬虫全都叫作"虫子"。

传粉动物

能传播花粉的动物。昆虫、鸟和蝙蝠都是传粉动物。

花粉

促使植物形成种子，结出果实的粉状物质。

花蜜

花内分泌的甜味液体，用于吸引传粉昆虫。

化学物质

我们的世界由各种化学物质组成。化学物质无法分解，但会发生改变。

昆虫

一种小型动物，长着六条腿，身体分三节（头、胸和腹）。昆虫坚硬的外壳叫作外骨骼。

毛毛虫

蝴蝶的幼虫。

热带雨林

生长在靠近赤道温暖地区的森林。赤道是一条假想的线，环绕在地球的中间。

捕食者

捕杀和吃掉其他动物的动物。

传粉

花粉在同种花之间传播，花的卵细胞在受精后发育成种子，种子再发育成新的植物。风或者动物都能帮助花传粉。

网

由细丝交错相连而形成的结构。

蛹

在从幼虫进化为成虫的过程中，有些昆虫先变成蛹。

幼虫

昆虫从卵中孵化以后，变成成虫之前的无翅阶段。

真菌

一类既不是植物也不是动物的生物。蘑菇、霉菌和酵母菌都是真菌。

蜘蛛

一种小型动物，长着八条腿，身体分两节。

索引